Ana Maria Primavesi

# O MELHOR AMIGO DOS
# PARASITAS

Ana Maria Primavesi

# O MELHOR AMIGO DOS PARASITAS

*Ilustrado por*
*Mariana Rosa e Verônica Fukuda*

1ª edição
Expressão Popular
São Paulo - 2024

Copyright © 2024, by Expressão Popular

Revisão: Miguel Yoshida
Ilustrações: Mariana Rosa e Verônica Fukuda
Capa e projeto gráfico: Maria Rosa Juliani
Diagramação: Mariana V. de Andrade
Impressão: Printi

Dados Internacionais de Catalogação na Publicação (CIP)

P952m   Primavesi, Ana

O melhor amigo dos parasitas / Ana Primavesi ; ilustrado por Mariana Rosa, Verônica Fukuda. – São Paulo : Expressão Popular, 2024.
42 p.

ISBN: 978-65-5891-149-4

1. Literatura infantil. I. Rosa, Mariana. II. Fukuda, Verônica. III. Título.

CDD: 028.5
CDU: 82.9

André Felipe de Moraes Queiroz – Bibliotecário – CRB-4/2242

Todos os direitos reservados.
Nenhuma parte deste livro pode ser utilizada ou reproduzida sem a autorização da editora.

1ª edição: outubro de 2024

Edição revista e atualizada conforme
a nova regra ortográfica.

EDITORA EXPRESSÃO POPULAR
Alameda Nothmann, 806 – Campos Elíseos
CEP 01216-001 – São Paulo – SP
livraria@expressaopopular.com.br
www.expressaopopular.com.br
 ed.expressaopopular
 editoraexpressaopopular

## Nota editorial

"A terra fervilhava de vida". É assim que começa a história que vamos ler neste livro. Você sabia que a energia que nós humanos temos para viver vem daquilo que nós comemos? E que a nossa comida está cheia de nutrientes proporcionados pela vida minúscula que existe na terra? Por isso que a Ana Primavesi dizia que o solo saudável produz uma planta saudável que faz com que o ser humano seja saudável.

Ao longo da história da nossa existência de seres humanos, sempre mantivemos uma relação com a natureza, primeiro colhendo os frutos e caçando os animais que existiam, depois cultivando a terra por meio da agricultura para produzir alimentos para as pessoas. Durante quase 10 mil anos essa relação foi saudável e equilibrada. Cerca de uma década após o fim da Segunda Guerra

Mundial, ocorreu a Revolução Verde, que visava modernizar a agricultura para aumentar a produção de alimentos. No entanto, isso trouxe um grande desequilíbrio para os seres vivos no solo, enfraquecendo e deixando doentes tanto as plantas quanto as pessoas que as consomem. Plantas enfraquecidas são vulneráveis aos ataques de parasitas.

Nesta história, vamos descobrir a diversidade de seres vivos que existe na natureza, inclusive os chamados parasitas que só conseguem se alimentar de plantas fracas, desnutridas e doentes e vamos ver também que tudo isso acontece pela ação dos seres humanos.

Mas o importante é que nós humanos ainda temos tempo para reconstruir esse equilíbrio e nos tornarmos os melhores amigos da natureza e não dos parasitas.

Os editores

A terra fervilhava de vida.

Ninguém poderia dizer onde começava a vida e terminava a terra. Assim como ninguém, num corpo humano, podia dizer onde terminava o corpo e começava a vida. Sem corpo, a vida não pode manifestar-se.

Nos poros da terra circulava água
com minerais, igual a sangue nas veias;
o ar enchia os poros grandes como
os alvéolos dos pulmões, fornecendo
oxigênio a bactérias, fungos, insetos
e raízes. A terra respirava, tinha sua
temperatura,
seu metabolismo:
a terra vivia.

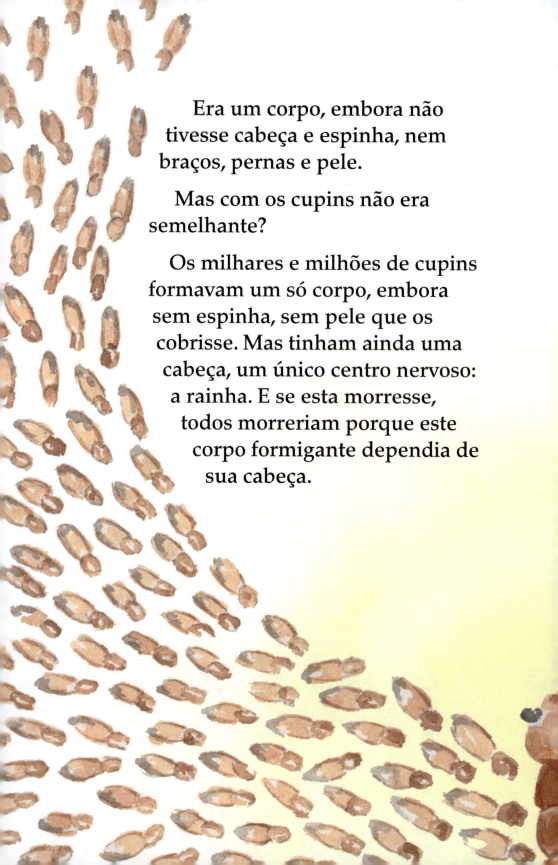

Era um corpo, embora não tivesse cabeça e espinha, nem braços, pernas e pele.

Mas com os cupins não era semelhante?

Os milhares e milhões de cupins formavam um só corpo, embora sem espinha, sem pele que os cobrisse. Mas tinham ainda uma cabeça, um único centro nervoso: a rainha. E se esta morresse, todos morreriam porque este corpo formigante dependia de sua cabeça.

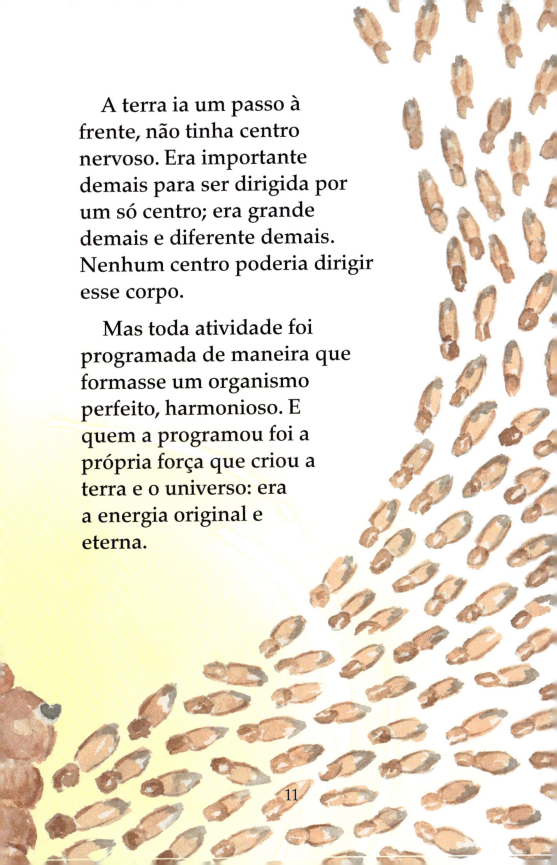

A terra ia um passo à frente, não tinha centro nervoso. Era importante demais para ser dirigida por um só centro; era grande demais e diferente demais. Nenhum centro poderia dirigir esse corpo.

Mas toda atividade foi programada de maneira que formasse um organismo perfeito, harmonioso. E quem a programou foi a própria força que criou a terra e o universo: era a energia original e eterna.

Era um programa inflexível e rígido ao mesmo tempo que criou este equilíbrio perfeito entre a terra, os micróbios, os animaizinhos, as raízes, ar, água e minerais e a luz e o calor do Sol.

Era um comer e ser comido, receber e dar, nascer e morrer para que outros pudessem nascer e o ciclo da vida não se acabasse.

Assim, tinha alimento para todos, e todos tinham a mesma possibilidade de viver, sobreviver, se multiplicar e prosperar.

Era um ciclo perfeito de energia, que na forma de luz ou calor passa pela vida, captada, transformada, liberada, nada se perdendo em todo ciclo.

"Entropia zero" o chamam. Não tem ganho nem perda. É o ideal, é a perfeita harmonia, um equilíbrio feito para toda a eternidade, um *perpetuum mobile*.

Mas o ser humano não compreendeu isso.

Veio o "Seu Mané", viu toda essa multiplicidade de plantas e a terra boa e "gorda" e resolveu roçar e plantar.

Plantava milho e mandioca, abóbora e feijão, justamente o que ele comia, sempre no mesmo pedaço de terra. No início, a terra não gostou, mas o "Seu Mané" tinha que comer, e ele cuidou da terra para que não perdesse sua fertilidade.

O "Seu Mané" era um camarada legal. Seu aradinho de boi sulcava a terra somente o necessário para as culturas vingarem.

Mas veio a "revolução verde". Adubos e agrotóxicos, máquinas e monoculturas, veio o agronegócio, a agroindústria.

Arrancaram as árvores para poder mecanizar, mataram todas as plantinhas que não fossem as plantadas e a terra ficou limpa, rigorosamente limpa, somente imensas áreas plantadas com soja, ou algodão, ou cana.

O "Seu Mané" com sua pouca terra não podia acompanhar essa revolução verde.

Comprava o adubo mais caro que os outros, porque comprava pouco; tinha de vender ao atravessador, porque era pouco o que produzia; as máquinas trabalhavam pouco tempo e depois ficavam ociosas, não pagavam o financiamento com que foram compradas; e depois vieram as pragas e os agrotóxicos.

E o "Seu Mané" teve que vender seu pedaço de terra e ir embora. Não aguentou mais.

Sua terrinha passou para uma agroindústria, fria e eficiente. Lá, não era mais o coração que falava com a terra, mas os números que se registravam nos livros ou *laptops*.

As chuvas socaram a terra limpa, o Sol a aquecia e os ventos levavam a umidade. A palha atrapalhava as máquinas e, portanto, foi queimada.

—Vamos embora. Aqui não tem mais nada – diziam as bactérias que comiam palha e formavam os poros da terra.

—Vamos embora. Não tem mais ninguém que nos sirva algum açúcar – diziam as bactérias que fixavam nitrogênio.

Os ácaros foram embora, porque se sentiam perseguidos:

– Não dá para conviver com acaricida, somente porque não gostam dos ácaros vermelhos. E nós, que limpamos a terra de insetos, não temos valor?

Outros foram embora, porque suas enzimas não se ajustavam a comida alguma que encontravam na terra.

Ficaram somente alguns mofos, que eram mais versáteis.

As minhocas se enodaram e entraram em repouso, esperando tempos melhores. Nem os saltadores, que se satisfaziam com as mínimas condições de vida, aguentaram mais.

O calor era infernal e a seca os torrava.

E, finalmente, as vespinhas também se foram. Talvez nem encontrassem mais outro lugar onde pudessem sobreviver.

A terra olhou triste, ao se despedir dos últimos. Mas, depois, vieram os novos.

Bichos estranhos apareceram, deixavam cair suas trouxinhas e diziam:

– Fomos informados que aqui a vida é farta.

– Farta? Todos foram embora, porque não a aguentaram mais. Há somente calor e seca, nenhuma palha, adubos ácidos e somente o lixo das raízes, sempre o mesmo – disse a terra.

Mas os fungos e insetos especializados não se contentaram em viver na terra. Quando encontravam pouca comida, não se enquistavam ou se recolhiam como seres distintos, mas invadiam as plantas. A terra se apavorou.

– Mas como é que atacam as plantações? Vocês fizeram algum contrato com as plantas, como as bactérias noduladoras ou os fungos micorrízicos?

Os novos habitantes do solo riram:

– Somos especializados para estas condições, sabe. Como plantas destas podem cumprir um contrato? Não, querida terra, com estas plantas não se faz contrato ou combinação, aqui se tira o que se pode. E, além do mais, elas oferecem muita coisa que serve exatamente para nossas enzimas. As plantas, antigamente, não ofereciam nada. Mas, agora, é tudo uma bagunça só. Açúcares inacabados, proteínas não terminadas, óleos iniciados e abandonados, vitaminas incompletas. É uma desordem geral. Por toda parte lixo, substâncias que não se podem utilizar mais.

A terra ficou pensativa.

Também quem poderia viver somente com três minerais: nitrogênio, fósforo e postássio (NPK)?

E mesmo que tivesse mais, quem consegue beber água quente? Nem a planta mais sedenta a toma. E quando a água ainda se evapora do chão quente, o que fica? Nada!

E as plantas não têm mais onde dissolver seus nutrientes.

—Vocês aí, se é tudo tão ruim, como é que aguentam? – quis saber a terra.

Os novos habitantes do solo riram:
— Somos especializados para estas condições, sabe?

Os seres humanos, com chapéus tipo capacete, botas e óculos de sol, vieram e olharam feio. Queimaram até as últimas folhinhas da palha para matar os novos, os especializados. Alguns se foram, outros se adaptaram.

As plantas, na terra dura, encrostada, compactada pelas máquinas, não tinham mais ar. Começavam a fermentar seus açúcares, e agora sobravam álcool e ácidos, nunca antes produzidos.

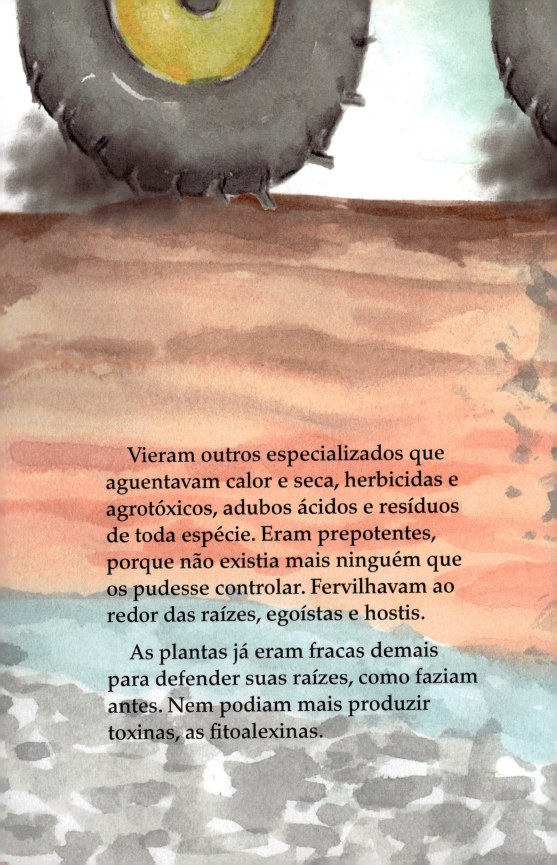

Vieram outros especializados que aguentavam calor e seca, herbicidas e agrotóxicos, adubos ácidos e resíduos de toda espécie. Eram prepotentes, porque não existia mais ninguém que os pudesse controlar. Fervilhavam ao redor das raízes, egoístas e hostis.

As plantas já eram fracas demais para defender suas raízes, como faziam antes. Nem podiam mais produzir toxinas, as fitoalexinas.

E deserta era a terra, sem palha, sem proteção.

Mas os novos habitantes se multiplicavam descontroladamente; logo não acharam mais o suficiente para viver, e quando o efeito do veneno acabava saíam furibundos para atacar as plantas.

Os humanos mandaram banhar as plantas com veneno, duas, quatro, dez, vinte e mais vezes. Era um fedor incrível. As pragas se revezavam, ficavam mais resistentes, se multiplicavam.

– Falta o inimigo natural – diziam os humanos.

– Que inimigo natural? Antes, todos controlavam todos. O que falta é a diversificação. Os especialistas humanos enfrentam os especialistas insetos; a diferença é que estes estavam numa situação muito mais cômoda – gritou a terra.

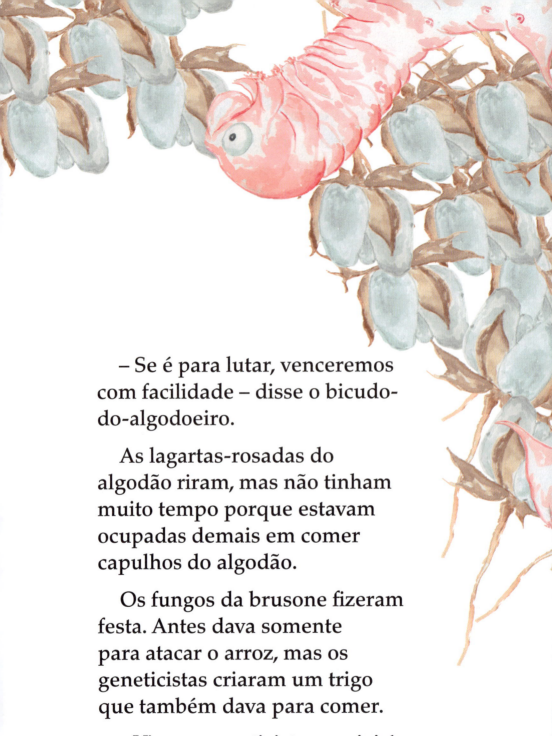

– Se é para lutar, venceremos com facilidade – disse o bicudo-do-algodoeiro.

As lagartas-rosadas do algodão riram, mas não tinham muito tempo porque estavam ocupadas demais em comer capulhos do algodão.

Os fungos da brusone fizeram festa. Antes dava somente para atacar o arroz, mas os geneticistas criaram um trigo que também dava para comer.

–Viva os geneticistas geniais!

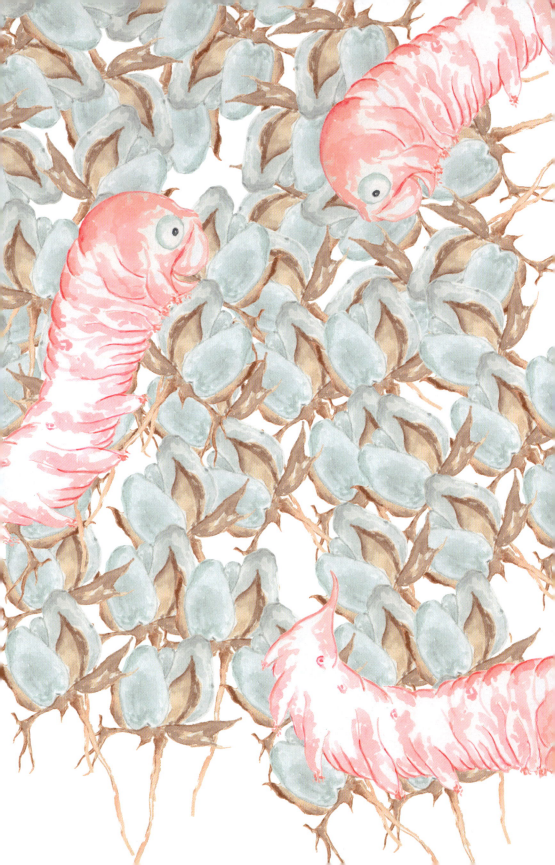

Isto é que é progresso! – gritavam eles.

– Verdade – disse o fungo rizoctonia. – Os humanos todos são gênios. Queimam a palha todinha e agora não existe mais ninguém que nos barre o caminho quando queremos entrar numa raiz.

Os nematoides sussurravam com suas vozinhas finas:

– Geniais esses humanos, desde que queimem a palha toda e somente adubem com três nutrientes, não tem mais ninguém que impeça nossos banquetes nas raízes das plantas. Como era ruim comer em plantas bem nutridas, a gente passava muita fome.

E todas as pestes e parasitas resolveram conferir o prêmio de "MELHOR AMIGO" aos seres humanos, que tanto fazem para sua propagação.

## SOBRE A AUTORA E AS ILUSTRADORAS

**Ana Primavesi** nasceu na Áustria, onde cursou a faculdade de Agronomia e fez o doutorado em nutrição vegetal e animal. Veio ao Brasil nos anos 1950, depois da Guerra na Europa. Foi professora e pesquisadora na Universidade Federal de Santa Maria, RS, fundou e chefiou os laboratórios de química e de biologia do solo. Ela foi a primeira pessoa a falar em Solo Vivo e é considerada a mãe da agroecologia no Brasil.

**Verônica Fukuda** é natural de Registro, SP. Radicada em Curitiba desde 2001, é formada em Artes Visuais, com especialização em Cinema. Na busca e desenvolvimento de uma linguagem artística própria nas artes visuais, criou o Ma Fille, ateliê de produção e espaço de aulas para crianças e adultos. Em 2014, lançou seu primeiro livro, Meu amigo Bóris, e desde então, como autora e ilustradora, participa continuamente de mostras e exposições na área da Literatura.

**Mariana Rosa** é designer paranaense, nascida em Curitiba. Mãe de um filho chamado Bernardo, sempre teve a arte ao seu lado. Desde criança adorava desenhar, pintar e fazer poesia. Formada em Design pela PUC – Universidade Católica do Paraná – fez curso de desenho no Centro de Artes Guido Viaro e aulas de pintura. Atualmente dá aulas de artes no ateliê Ma Fille, da artista e professora Verônica Fukuda. Com ela pôde conhecer e ter o prazer de participar do mundo da ilustração.